当代顶级景观设计详解
TOP CONTEMPORARY LANDSCAPE DESIGN FILE
本书编委会·编

公园景观
PARK LANDSCAPE

中国林业出版社
China Forestry Publishing House

图书在版编目（ＣＩＰ）数据

公园景观 / 《公园景观》编委会编 . -- 北京 ：中
国林业出版社，2014.8
　　（当代顶级景观设计详解）
　　ISBN 978-7-5038-7511-3

　Ⅰ．①公… Ⅱ．①公… Ⅲ．①园林设计－景观设计
Ⅳ．① TU986.2

　　中国版本图书馆 CIP 数据核字 (2014) 第 107326 号

编委会成员名单
主　编：董　君
编写成员：董　君　　张寒隽　　张　岩　　金　金　　李琳琳　　高寒丽　　赵乃萍
　　　　　裴明明　　李　跃　　金　楠　　邵东梅　　李　倩　　左文超　　陈　婧
　　　　　姚栋良　　武　斌　　陈　阳　　张晓萌

中国林业出版社 · 建筑与家居出版中心
出版咨询：（010）8322 5283
责任编辑：纪亮　王思源

出版：中国林业出版社　（100009 北京西城区德内大街刘海胡同 7 号）
网址：http://lycb.forestry.gov.cn
E-mail：cfphz@public.bta.net.cn
电话：（010）8322 5283
发行：中国林业出版社
印刷：北京利丰雅高长城印刷有限公司
版次：2014 年 8 月第 1 版
印次：2014 年 8 月第 1 次
开本：170mm×240mm　1/16
印张：12
字数：150 千字
定价：88.00 元（全套定价：528.00 元）

鸣谢：
感谢所有为本书出版提供稿件的单位和个人！由于稿件繁多，来源多样，如有错误出现或漏寄样书，敬请谅解并及时与我
们联系，谢谢！电话：010-83225283

目录 CONTENTS

公园

PARK LANDSCAPE

奥尔堡海滨景观

Aalborg Waterfront –
Linking Port & City

项目名称：奥尔堡海滨景观
项目地址：丹麦 奥尔堡
建 筑 师：C. F. Møller Architects
本土建筑师：C. F. Møller Architects,
Vibeke Rønnow Landskabsarkitekter
工 程 师：COWI A/S

　　奥尔堡海滨的总体规划连接着城市的中世纪中心与相邻的峡湾，这在以前，因为是工业专用港和其不堪重负的交通，对于公民们来说是很难实现的。通过紧密联系着城市结构的开口，城市和峡湾之间一种新的关系被创建了起来，在之前一个背面城市变成了一个新的、极具吸引力的前面城市。

　　码头旁边的约一公里长的优质景观都强调了一个绿树成荫的、有着特殊细节设计的林荫大道，给骑自行车者和行人一个安全舒适的环境。中世纪的奥尔堡城堡再次成为海港的核心，并通过建立广阔的绿化面积来为它这个历史堤岸做一个框。

　　与此同时，奥尔堡有一个供散步的海滨长廊和凹进去的阳台，可以让人们亲近水。各种各样的城市园林方便人们活动，如市场、球类游戏和日光浴。其目的是建立强大和有吸引力的空间让不同的使用者受益。

　　该中心活动场所的设计是为了适应不同的游戏和运动，从夏天

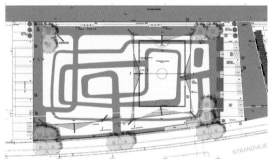

的沙滩排球到冬日的冰场溜冰，通过大规模倾斜的网和照明桅杆包围着。毗邻的花园是一个平静、稍凹陷的、种满树木和花草的绿色空间。计划中沿着海滨有一个浮动海港浴池，旁边的"Elbjørn"——以前的破冰转换成一个水上餐厅。

本案选择的材料为峡湾自身的原料，包括沥青、橡胶、COR-10钢、混凝土和木材，而在同一时间，通过路面呈波浪状的图案能微妙地与海联系起来——引用自 Roberto Burle Marx 的著名的 Copacabana 海滩长廊建筑。

Core Sample 花园

Core Sample

项目名称：Core Sample 花园
项目地址：加拿大 魁北克
所有图纸：North Design Office
图　　片：Louise Tanguay, Jardins
de Métis

　　这个花园是为第 7 届国际花园节准备的，通过审查城市的历史和系统的探索当作一种了解景观的手段。通过将一个岩心样品在结构化网格中的地形起伏揭示了这种花园倾向。核心样品可以标记倾角来测量和组织的一个花园的元素，并纪念收集、取样和发现。

高线公园
The High Line

项 目 名 称：高线公园
项 目 地 址：美国 纽约
项 目 面 积：28,700 平方米
景 观 设 计：James Corner Field
Operations 事务所（主持设计团队）/
Diller Scofidio + Renfro 建筑师事务所
设 计 师：Lisa Tziona Switkin ,
Nahyun Hwang

公园整体设计的核心策略是"植—筑"，它改变步行道与植被的常规布局方式，将有机栽培与建筑材料按不断变化的比例关系结合起来，创造出多样的空间体验：时而展现自然的荒野与无序、时而展现人工种植的精心与巧妙；既提供了私密的个人空间，又提供了人际交往的基本场所。新"高线"景观别具匠心的线性体验与哈德逊河公园的行色匆忙形成鲜明的对比，它更加悠然自得、孤芳自赏，在保留基地的孤立性和野性的同时，充分体现出一个新型公共空间所应具有的包容性。"植—筑"概念是整个设计策略的基础——硬性的铺装和软性的种植体系相互渗透，营造出不同的表面形态，从高步行率区（100%硬表面）到丰富的植栽环境（100%软表面），呈现多种硬软比率关系，为使用者带来了不同的身心体验。

设计一直致力于尊重"高线"场地的自身特色：它的单一性和线性，简单明了的实用性，它与草地、灌木丛、藤本、苔藓和花卉等野生植被，以及与道碴、铁轨和混凝土的完美融合性。设计的解

决方案主要体现在 3 个层面：首先是铺装系统，条状混凝土板是基本铺装单元，它们之间留有开放式接缝，植被从特别设计的逐渐变窄的铺装单元之间生长出来，柔软的植被与坚硬的铺装地面相互渗透。整体铺地系统的设计与其说是单纯的步行道路，倒不如说是一种犁田式景观形态，场地表面软硬有致的变化形成一种独特的空间肌理，行人自如地穿行于层层叠叠花草丛间，让人完全置身其中，毫无旁观的距离感。植被的选择和设置摒弃传统修剪式园林的矫揉造作，彰显出一种野性的生机与活力，充分表现场地本身极端的环境特点，也体现了浅根植物的特性。第二个策略是让人放慢步伐，营造出一种时空无限延展的轻松氛围。悠长的楼梯、蜿蜒的小路、不经意间的美景无不使人们放慢脚步，流连其间。第三个层面则是景观尺度比例的精心处理，尽量避免当前求大、求醒目的趋势，采用更加微妙灵活的设计手法。公共空间层叠交替，沿途景色变化多端，一幕幕别样的风景，沿着简洁有致的路线——展现在人们眼前，让人沿途领略到了曼哈顿和哈德逊河的旖旎景色。

S.Anna 区公园

S. Anna Park

项 目 名 称：S. Anna 区公园
项 目 地 址：意大利 卢卡
项 目 面 积：22,000 平方米
设 计 师：Gianfranco Franchi
建 筑 师：Gianfranco Franchi
摄 影：Gianfranco Franchi

　　公园位于圣·安娜区卢卡市的市郊，不仅界定了城市的界限，而且还形成附近村庄的过滤器，成为介于购物中心与住宅小区之间的一种公共空间。公园是与塞尔基奥河相连的公园网络的一部分，将城市围绕起来。

　　在对公园进行设计时，我们试图找到一种方法：既能打造一个具有社交功能的空间，同时还能保留其历史意义。我们希望使新公园对于游客来说看起来像是与生俱来的一样，于是我们尝试着寻找可以借鉴的项目和可以使用的方案，以及最适合这个环境的材料和造型。鉴于其他造型不适合我们所希望打造的环境，我们决定采用几何网状的造型及混凝土和低合金高强度钢等材料。

　　本项目重新开发了乡村的一部分，而对于树木的利用则唤醒了对周围环境的典型塑造方式。小广场、具有几何造型的假山和各种运动场以及放松和休息空间成为公园的特色。一条小路从东向西贯穿整个公园，小路旁边设置了一些金属构筑物，为小路增加了特色。

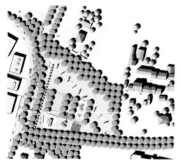

春天的时候，各种植物在这里竞相生长。大金属花瓶不禁使人们想起以前乡村地区经常使用到的粘土烧制的花盆。公园主要采用白杨和黑杨进行绿化，这两种植物是打造空间环境的典型植物。

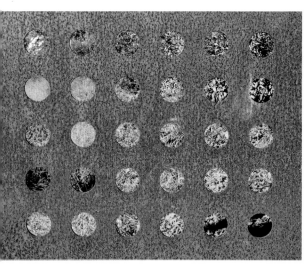

Alai Txoko 公园

Alai Txolo

项目名称：Alai Txoko 公园
项目地址：西班牙 伊伦
项目面积：30,000 平方米
设 计 师：Lur Paisajistak S.L
摄 影：Lur Paisajistak S.L.

　　公园原先是一大片天然植被，这种封闭的景观给居民烙下深深的不安全感。该公园项目旨在打造出开阔的空间，带来人们渴望已久的都市安全感。

　　天然草地和栽种的草坪共同形成了此开阔空间，公园中心还栽植了樱桃树。中央草坪笑迎八方来客，它的地平让充当堤岸的高墙显得不那么陡了。我们的设计让人们在通向伊伦市的主干道上，可以欣赏到树林美景，而且栽植的众多喜马拉雅棕榈树也会成为 Alai Txoko 公园的身份标志。在较为有限的空间修建一个运动场。公园的整体设计上还包括一条自行车道。

巴伐利亚城市公园
Bavarian State Garden - City Park

项 目 名 称：巴伐利亚城市公园
项 目 地 址：德国 巴伐利亚
项 目 面 积：75,000 平方米
项 目 公 司：雷瓦德景观建筑事务所

本案中 3 处不同边缘界定了一片宽广的草地并确定了公园的边界。这三个区域分别被不同的用途和空间体念所区分。

在北面，"游戏山"是这个空间特有的元素。奇特的形似"微缩阿尔卑斯山"象征着对真实山峦的向往，因为它是服务于各个年龄人群的游戏场。"云雾森林"是一个特殊的空间，以独立的形式创立了对景观特性的参照。

通过此次州园林展，第一次开发出一种城市开放空间的相互联系。城市公园成为了整个伯格豪森市的标志。新的人行道连接和视觉轴线创造了令人耳目一新的城市体验。展览活动也因此为城市的长期发展做出了贡献，并创造了城市的形象。

Cow Hollow 学校操场
Cow Hollow School Playground

项目名称：Cow Hollow 学校操场
项目地址：美国 旧金山
项目公司：SURFACEDESIGN INC.

　　旧金山普雷西迪奥在它作为一个公共公园和国家地标区的短暂历史中，已经成为这座城市一个恒久的文化和环境的源泉。普雷西迪奥信托公司负责对该公园严格管理，保护和维护公园的资源，为当地居民、游客和商人提供机会来享受这个无与伦比的人间乐园。

　　当 Cow Hollow 学校（一所招收 2~5 岁儿童的幼儿园），决定建一所新校舍，从而扩大设施和增添教学功能。普雷西迪奥学校将自然与历史相互结合，这一点符合学校课程的特殊目的和要求，

是一个符合逻辑的理性选择。学校位于具有历史意义的普雷西迪奥阅兵场附近，步行几分钟就可以到达兵场。学校向园林建筑师表达了自己的想法：把操场作为教室的延伸。园林设计者与学校的教师、管理者和学生家长充分讨论，他们帮助园林设计者去理解和解读学校教育的使命：在玩中学习，探索与发现，呵护学生、家长和老师的关系。

　　学校的课程是基于瑞吉欧·艾米利亚的教育方法，她提出了一种

理念和教育方案：教学的原则在于通过鼓励孩子自学的方式，根据孩子们的兴趣来提供丰富的辅助环境，让学生学会尊重、责任和交流。由于自然环境的安排状况与瑞吉欧艾米利亚的学前教育计划（环境被看作是第三个老师）紧密联系，因此，操场的设计被认为是学校课程设计的关键。

学校景观的设计得益于附近旧金山湾地区周围的自然环境和普雷西迪奥区的自然环境。

我们在布局学校操场时参考了当地的沙滩、森林、马林陆岬和海湾潮汐湿地等典型的景观，该设计考虑了瑞吉欧·艾米利亚的教育方案中对教育和互动提出的要求，强调风景是教室的延伸，强调教室和自然景观之间直接的感观联系，为学生提供一个多样化的自我学习的外部空间。

从普雷西迪奥信托公司得到建设这个新操场的许可表明了此次设计对于客户和设计者来说是一个艰巨而伟大的任务。操场的设计要体现出对当地的植被不会有影响。该场址地下的历史和文化资源也需要保护。操场上所有建造的和种植的东西必须是可完全移除的，为的是不破坏西班牙普雷西迪奥公园原始的古代地基。所以，树木植物被安置在远离雷西迪奥古代地基的地方，建筑材料如夯土和路面细料都精挑细选，为了不影响下面的古文物。

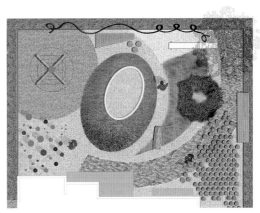

Foley 公园

Foley Park

项目名称：Foley 公园
项目地址：澳大利亚 悉尼
项目面积：6,000 平方米
设计团队：ASPECT Studios（主创设计师）, CAB Consulting, Fiona Robbé and TTW
摄　　影：Florian Groehn

ASPECT Studios 澳派景观设计工作室受悉尼市议会的邀请，对悉尼 Glebe 区的 Foley 公园进行景观改造。设计师经过仔细的推敲，采用现代的设计语言，为当地居民提供了一处生机勃勃的户外空间。

Foley 公园占地 6,000 平方米，位于悉尼 Pyrmont 桥路和 Glebe 路的交叉口，是 Glebe 区最大的公园。鉴于公园复杂的历史和人文因素，设计中存在许多限制和难点。在谨慎考虑公园内现有景观元素的同时，设计最大程度地打造了户外聚会空间，营造出舒适且宜人的静谧氛围。

根据业主提供的改造目标，设计师进行了大量的场地分析，文化分析，并且咨询了社区居民的意见。

景观改造包括了所有街道临街面的设计，同时拓宽了 Glebe Point 路和 Pyrmont 桥路的入口。步行道也进行了重新设计，改进了铺装材质和种植配置。改造后的公园打造了 3 处相互串联的空间，

包括绿色村庄，Hereford 家园和游乐区。

  绿色村庄是一大片宽阔的草坪区，设计师重新调整了草坪的坡度，展示出一处更清晰的空间布局。设计平缓了原有的坡度，增大了草坪区域的面积，移除了场地内的乔木和灌木，在草坪西南面新增了宽阔的预制混凝土座墙。改造后的区域形成了一处亲密休憩环境。

  Hereford House 是游乐区和绿色村庄之间的过渡空间。设计

充分利用了现场原有的地形，并将一处历史遗迹建筑形成了整个公园的重点。

  宽敞的游乐区和精致的景观元素形成了一处别有韵味的视觉焦点。游乐区内色彩丰富的立柱散置在周边低矮的灌木和高杆乔木之间。绿色和灰色系的橡胶铺地宛若地毯一般铺设在游乐区内，游乐器材放置在木屑铺地内。

Duinpark 公园
Duinpark

项目名称：Duinpark 公园
项目地址：荷兰 Velsen
项目面积：7,400 平方米
设 计 师/建 筑 师：
Carve took care of design
and engineering and site
management and surveying.
摄　　影：Carve

Dunepark 公园是北海沙丘山麓的一部分，深入到一间 1960 年的社会住房。最近的公园部分已被改建为城区的别墅建设用地。以优化人口密度和分散人口组成。

由于发展和持久的维护缺乏造成的对自然景观的破坏，公园需要全面翻新。

主要的景观还是 Velsen 本身的景观。Carve 负责创建 3 个吸引人的活动场，以吸引各个年龄范围的人群，并为公园提供雕塑贡献。

我们的建议包括 3 项措施。措施的理念是基于那些附近学生的工作间，以及有时更多的是已存在的 Velsen 本身的景观设计。

平台

原始计划在前期规划已经变成了一个全年都会吸引年轻人的多功能区域。通过增加不锈钢长凳以打造贴心区域并环绕着典型古沙丘植被，我们推出了滑板平台。意在为附近的年轻人提供约会场所，椭圆的、略高一些的台阶也可以作为一个小的滑板公园。这也给附近当地的小学提供了开展露天表演活动的场所。

沙丘塔

三大扭曲的塔和沙丘塔相互用桥梁连接，并用内陆橡木的对角线横梁包裹。因为它们是低陷在表面里的，其巨大的规模很容易被忽略。一旦进入这个僻静的沙丘坑，他们就会发现它的真实大小。坑的边缘两侧友善地提供了一个地方可以坐下来，父母和家人可以看着孩子玩耍。

两座塔有两种皮肤，一座非常接近内陆橡木做成，另外一座非常透明的由钢筋网制成。这双重的皮肤提供了不同的路线穿过塔的内部，还能玩儿黑暗与光明的游戏。

桥梁是基于同样的原理，一个开放的又让大家能够体验高度的"恐惧"，另一个非常封闭的橡木板，展示万花筒般的令人眼花缭乱的效果。

水上乐园

Velsen 附近的荷兰沙丘是一个自然的水源过滤系统，为整个地区、包括 Amsterdam 提供水源。

在这个地方，20 世纪 60 年代建立了一个水上乐园区。我们被要求设计一个新的水上乐园区。

近 20 个铝合金桅杆放置在倾斜的混凝土基座上，直径 12m。基座引导着水流回到盆地。桅杆和底座一起起到了惊人的作用，用最小量的水和可持续水的再收集组织大批量的水进行补充，以保持系统的进行。

Melis Stokepark 游乐场
Playground Melis Stokepark

项目名称：Melis Stokepark 游乐场
项目地址：荷兰 海牙
项目面积：810 平方米
设 计 师 / 建 筑 师：
Carve took care of design,
engineering and site management
and surveying.
摄　　影：Carve

　　Hague 市政府要求 Carve 设计两个"综合游乐设施"，一个既适合健康儿童又适合残疾儿童的游乐场，如何设计一个游乐场才能消除健康和残疾儿童游戏时的不同呢？如何才能让一个游乐场对健康和残疾儿童都有挑战和吸引力呢？在 Carve 看来，"一起玩"并不意味真的能够打破彼此之间能力上的差别来玩儿在一起。

　　能力取代局限

　　两个游乐场都设计有挑战儿童脑力残疾方面的能力项目，但并没有超越他们的极限。每个孩子都希望去探索它的可能性并希望能延伸它的边界。重要的是，游乐场是不能直接显示它的极限的（视觉、听觉、身体和心理这些都已被考虑到）。它们为所有的儿童提供越来越多的挑战，从而有助于他们无限制的发挥。用一个完全真实的语言形式和颜色选择来激发他们的好奇心，并让孩子们一起互相发现大量的游乐设施。

　　"Melis Stokepark"游乐场

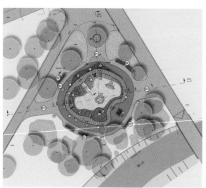

　　游乐场包括一个上升的环，形成一个弯曲路线的滑道，并当作一个可以双面爬上去的边界。垂直外壁由带穿孔的木条和圆形登山把手组成。这个环包围着一个起伏的倾斜玩耍区域和一个沙坑。几个通道通向并形成了这个内部区域并为休息和玩耍提供了可能性。这种隐蔽的内部玩耍区域为那些一直在大的开阔的空间玩耍有困难的孩子们提供了一个曲径通幽的地方。有水平登山路线的木墙和陡坡，能让每个孩子用自己的技能选择不同的路线。在内部，环周围和环上是进行具有挑战性游戏、重复运动游戏（车、滑行、跳跃和摇摆）建筑游戏（砂）和幻想游戏（隧道、平台、凉亭）的开阔场所。

哥本哈根西北公园
North West Park, Copenhagen

项目名称：哥本哈根西北公园
项目地址：丹麦 哥本哈根
项目面积：35,000 平方米
设计公司：SLA

西北区是哥本哈根最多元文化的一个城区，它所拥有的非西方移民的数量几乎是哥本哈根其余地区的两倍。因此，该区域存在一定的社会和经济问题：西北区的居民越发的贫穷，而且更加经常的失业，相比其他哥本哈根人，西北区的居民要居住在较小的公共房屋。西北区本身就是一个拥有很少公共生活的灰色地带，这里是因犯罪和污染率高而闻名的。由此可见，西北区被俗称为"差北区"并不是个巧合。

SLA 的新式公共公园设计，为西北区的人们提供了一个重塑自身的难得机会。设计的目标是将一片广阔的、闭塞的、贫乏的空间（原城市巴士站和车库的污染区）转变成一片适宜所有不同文化、民族和年龄的人群生活的温馨天地。其中融入了灯光、颜色、树木、诗歌、甚至还有小山，再加上新颖的冒险经历和故事的神奇组合，随着这一系列的神奇组合引入到西北区，当地所有不同文化和肤色的居民都将会找到适合展现自己的空间。在这里，全年都充满着欣欣向荣、

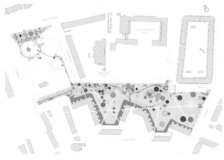

蓬勃发展的氛围。

　　在"1001 树林"的主题下,公园包括了 4 个简约、有效的元素：树木、道路、光线和锥形座椅。这些元素为公园很多不同的部分之间创建了某种秩序和连续性。所有的这四要素都是公园鲜明的特色。他们虽然简约,但是通过不同的整编搭配,创造出一系列随着气氛和感觉更迭而变化的空间和角落。这些元素的运用和设计让公园与城市零散、灰色的环境迥然不同。

　　公园林木的选择要根据不同的地理起源,在丹麦维度位置的传统种类和世界各地的外来物种之间,创造出一种绚丽并令人兴奋的

融合。这里反映了西北地区的多元文化性质,也成为一个重要的限制丹麦移民法的评注。

　　西北区是一个正在历经变迁的区域。基于 SLA 的设计,公园是一个处于这次积极变革的标志和导向。西北公园为破败的社区提供了一个开放式的公园,用以保护和反映该地区的多样性和变化性。公园会反映出该地区的多样性、冒险精神、强烈的参与性、融入人群的需要以及寻求沉思的宁静境界。公园会满足每一位游人的需求让人们有宾至如归的感受,同时在服务质量上,公园有着与欧洲最好的城市公园相同的服务。

海牙宫殿花园
Palace Gardens

项目名称：海牙宫殿花园
项目地址：荷兰 海牙
项目面积：250平方米
设 计 师 / 建 筑 师 :
Carve took care of design,
engineering and site management
and surveying
摄影：Carve

　　海牙的这个宫殿花园是一个历史性的皇家花园，坐落于 Paleis Noordeinde 皇家马厩的后方。这个花园有着广阔的草坪，水景和曾经一个荷兰皇家家庭的雄伟老树。今天在 Hague 这个缺乏绿色的城市，它的作用是一个公共公园。

　　市议会要求 Carve 设计一个特别针对 1~6 岁之间儿童的游乐场。一个雕塑人物和花园原始性的保留是这个设计需要满足的特定要求。

　　这个设计涉及到一个用弯管连接一些白色球体的简单游戏结构。能进行摇动、滑动、摆动活动。再加上一个安全斜面，形成了一个冒险的游乐场所，提供了多种多样的游戏功能和一个让孩子们可能发现并激发他们想象力的氛围。

　　不同的材料给出不同的触感。不锈钢管很容易改变温度，并有一个坚硬的、有光泽的抛光面，而珍珠的橡胶涂层感觉温暖，并具有更柔软的表面。

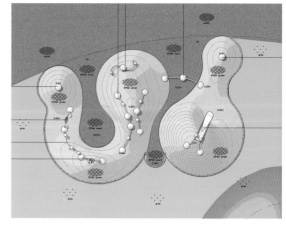

夏洛特花园
Charlotte Garden

项目名称：夏洛特花园
项目地址：丹麦 哥本哈根
项目面积：250平方米
设　计　师：Stig L. Andersson,
Hanne Brunn Møller, Lars Nybye
Sørensen

　　我们都知道，禾草植物会随着季节变换和风力大小在色彩和形态上产生变化。大多数人都有过这样的童年记忆：悠闲地躺在一片开阔的空地上，仰望碧蓝的天空，看朵朵白云飘浮而过，心中充满了诗情画意。对当今的景观设计师而言，再现这样的场景实在太过普通，毫无新意，缺乏远见和挑战。现代社会在时间和空间的概念上和以往完全不同，因此没有必要重复过去的场景。

　　我们在夏洛特花园项目上就使用了与众不同的设计方法。这个

　　花园位于哥本哈根一个住宅区的中央空地上，在这里，植物的外形、生长和色彩变化成为花园的主要特色。我们主要采用了各种粗放管理的禾草植物，如某些当地草种、兰羊茅、巴尔干蓝草和紫色酸沼草。花园的形态主要取决于各种禾草的植物造景及植物的特点。可以说，决定这个住宅小区空间面貌的不是建筑物，而是各种植物及其生长变化。

　　之所以想到使用禾草，首先是因为这类植物可以创造出各种不

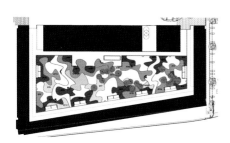

同的空间。禾草植物本身并不稀奇，只有在整体运用上才会出彩，所产生的效果也不仅仅是装饰性的。作为一名景观设计师，我对禾草的兴趣来源于这类植物可以在色彩、尺寸、形态和质地上发生变化。就夏洛特花园而言，我们在不同形状的地块上种植不同品种的禾草，彼此相互连接渗透，好像一个巨大的拼图。种植区被分为4个类型，分别栽种不同高度的品种，有低矮的草坪，也有高达3米的禾草。为避免样式单调，相邻两个地块的植株高度都错落有致，在种植方式上也不尽相同。

在夏洛特花园，禾草的运用使我们得以创造一个不断变换的空间。不同品种的禾草在生长和变化速度上有快有慢，外形和质地上也有低矮丛生到茎秆高挑之分，有些品种会随季节发生显著变化，

有些则表现不那么明显，这都使花园相应呈现出各种不同的空间变化。使用禾草主要是强调植物的质地、形态和生长速度，而花园的纵深感和持久性则由乔木体现出来，主要是欧洲赤松，还有变化缓慢的洋槐、野樱桃和柳树。

夏洛特花园吸引人之处在于身临其"景"带来的乐趣：无论是在其中漫步或穿行，还是随季节转换，人们都能感受到景观或快或慢的各种变化。这种变化是惊人的。相对斯堪的那维亚半岛的气候特点而言，夏洛特花园呈现出更加丰富的色相变化：从夏季的蓝绿色调微妙过渡到冬季的金黄色系。

蜿蜒的小径将花园变化着的不同空间连接起来，每个空间都通过不同的材料得以表达，随着观察微妙的变化和游览时运动，会赋

予花园丰富的肌理，给人空间感的享受。斯堪的那维亚地区白天特殊的灰蓝色调的冷色光强调了这一场所的氛围，而禾草的色彩暖化了这一空间。

只有从附近住宅的高处窗户或阳台上才可以欣赏到花园的整体平面效果，这是对这些住户的额外恩惠。从楼上望去，草波随风起伏涌动，色彩交融，形成一幅不断流动的画面，令人赏心悦目。虽然这个大拼图的每个色块都会随季节和天气而变换，但在人们脑海中却会形成一个固定的结构上的整体形象。每个地块只是在轮廓上不变，但其内含则变化莫测。

沿着花园的小径漫步其间，经历了不同的空间世界，动感油然而生。花时间近距离接触或只是快速通过，这时花园的整体画面完全消失殆尽。随着植物的生长，花园变成一个公园，无法从一头望到另一头。因此，不要误以为在高处就能获得对花园的全部认识，事实远非如此。花园远景呈现的只是抽象的图形。

人们对花园的印象完全取决于观者的视觉角度，这样的设计哲学其实来自量子力学的哥本哈根诠释。玻尔和海森伯指出量子力学的基本特征是波粒二象性，他们认为光波和粒子是不可测的，因为二者在一定条件下可以相互转换。在夏洛特花园，你不可能同时感受到两种相同的状态。

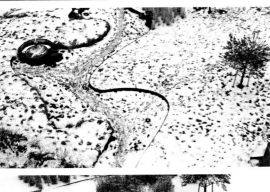

漫步在花园里，各种禾草植物的自然形态和不同质地都近在咫尺。人们完全把图案的概念抛到脑后，感受到的是禾草本身的天然美感。这种感受只有身处其中才能获得。所有这些旨在强调植物本身的质感，而非其结构，人们更多看到的是不停转换的各种景致，而忘却了花园的总体面貌。

花园旁边是 Østerbro 住宅区，建筑形式单调、毫无变化。夏洛特花园的建成就是要通过质感、空间、形态的变化，以及种植方式的不同，打破中央透视的束缚，吸引游人不断转换视线。花园看起来更像一个草图，也就是说，随着植物潜在的持续变化和物种竞争，呈现出各种时空变换供游人欣赏和思考。

Wilmington 水景公园
Wilmington Waterfront Park

项目名称：Wilmington 水景公园
项目地址：美国 Wilmington
项目面积：121,405.7 平方米

　　曾经太平洋海岸线的一部分，Wilmington 变得从 Los Angeles 港——一个蓬勃发展的、拥有不同混合工业海上设施的港断开。完成 Wilmington 海滨的总体规划后，Sasaki 确定了 3 个开放空间来实施：Wilmington 海滨公园，Avalon 北街景，和 Avalon 南海滨公园。Wilmington 海滨公园是要进行全面实施的第一个项目。它被建立在一个 30 英亩的棕色地块，新的城市公园社区不仅振兴了社区，还显而易见地把它重新连接到海滨。该公园集

合了各种主动和被动的用途，非正式比赛、公众集会、社区活动、野餐、坐、散步和游览。开放空间充当公共设施来加倍目前社区的开放空间，同时也缓冲了 Wilmington 社区从大量港口到南部的运作。

　　为了保护社区公园来自港口的影响，Sasaki 创造了一个坚固的雕塑地貌，将附近现有平面等级提升到 16 英尺。这片土地上集成了一系列多用途的有阴影斑驳草坡的娱乐场地。上部的地貌，El Paseo

海滨长廊提供了沿路行人休息的座位、表演花园和一条连接到加利福尼亚海岸步行街的可供行人和自行车道共用的小路的一些基础部件。

　　树构成的海冰长廊延伸了园区内行人来回行走和蜿蜒行走的网络，并提供了各种座位，以便行人休息、沉思，以及观看公园的一些活动，包括互动水功能、冒险儿童游乐场、广场集会和演出、在树林内野餐。原点漫步提供了行人横穿公园和连接两个公园凉亭中心轴线的方式。凉亭室外框架客房，提供了各种非正式的座位，阴凉处、干燥地带、公共厕所和 3 个灵活使用的正式表演用场地。

　　Sasaki 将可持续设计实践和创新工程技术融入到了整体项目。防洪管理引导水流到主景观区，以促进渗透，而不是城市污水处理，拆除铺设了的地面，重复用于铺路副基地，被选的所有植物都是适应生态、土著、或耐盐和可以再生水灌溉条件的。建设和现场照明突出园区的重点元素，通过高光效降低能源需求和光污染。沿着港口工业边缘，多彩平面形成的露台墙壁都涂有二氧化钛，能通过新型的光催化技术把有害的空气污染物变成惰性有机化合物。

施瓦宾花园城市
Schwabing Garden City

项 目 名 称：施瓦宾花园城市
项 目 地 址：德国 慕尼黑
项 目 面 积：42,000 平方米

　　公园约 700 米长，70 米宽。公园的东侧是一条林荫大道，人们可以在那里散步，就像是在步行街上散步一样。公园本身分为不同的区域，不同区域的树木和凉亭各不相同；公园的一侧有一个 10 米的巨大藤架。不同主题的花园是公园的核心，员工可以在午休的时间到这里放松一下心情。主题花园以一种有趣的方式反映了慕尼黑和阿尔卑斯山之间的不同景观，包括：一个岩石园、一个巨石园和一个山地湖泊，用棱柱形的构造加以表现；用球形元素表现的丘陵景观；一个石头梨树构成的森林花园；一个种植了大面积植物的草坪花园和一个供儿童玩耍、供成年人运动的运动场。花园之间的绿地可以用于运动或比赛。

Euclid 花园
Euclid Park

项目名称：Euclid 花园
项目地址：美国 圣塔莫妮卡
项目面积：22,666.67 平方米
建 筑 师 / 景观设计：Rios
Clementi Hale Studios
Mark Rios, FAIA, FASLA, principal in charge
Jennifer Schab, project designer
Therese Kelly, designer
Randy Walker, signage
摄　　　影：Tom Bonner

  在不到半英亩地内，公园融合了各种活动区和体验典型住宅的后院。大草坪区为被动的、非正式的娱乐提供了场所，网格为年幼的孩子们提供了树阴、秋千和攀爬设备。原生和耐旱植物被选择放在大树基部这个大的"容器"里来提供五颜六色的鲜花。典型的花园元素，如包边、网格、容器花园和砖块铺的路，在面积上被扩大，使其从私家园林过渡为一个公共公园。由 Santa Monica 艺术家创造了 3 个铜制"鸟屋"，当地的住房的每个缩放副本，为公园里汇聚的小路提供了一个联络点，并强化了园区"后花园"的主题。

  分级丘和倾斜的盆地给在另外的平坦部位地形勘探创造了机会。遮阳的结构塑造出一个非正式的露天剧场。砖瓦带和人字形铺贴添加了俏皮的质感，同时联系到了白色粉刷的砖瓦外墙及 Hacienda del Mar 的内部庭院。娱乐设施下方的绿色安全表面可以作为一个可穿越"草坪"，实际上是夯实的风化花岗岩取代了中央聚集树基部的"沙"。

由于公园附近邻居的特殊需求，并且考虑到热情的 Santa Monica 园丁，在这一领域沿着示范园基底和租赁地块，一系列明亮可升高的床被提供。

超标度的容器通过该站点标记了清扫砖路的两端。一个具体的"容器"壁上形成一个香樟树下休息区，当树慢慢地成熟起来，这将成为一个阴凉的聚集地。在路径的另一端是另一个超大的容器，选则的是一些能够吸引鸟类和蝴蝶的、耐旱的植物。这些树成为了

园区特色鸟屋的一个聚集点。

构建环环相扣的木材聚合物成员，树阴的结构是一个特大型网格或 California Mission 设计里的典型走廊。这种结构有两个"前线"：Euclid 街的标志入口和从小区入口到庄园 Hacienda del Mar 公共道路的门。低迷草坪上面阴暗结构中心的凸起部分进一步巩固了它作为草坪上不正式集会的一个联络点的用途。

Stanislaw Lem 花园
Stanislaw Lem Memorial - Garden

项目名称：Stanislaw Lem 花园
项目面积：60,000 平方米
设 计 师：dr Marek Gołąb, mgr
inż. Krzysztof Stępień

　　花园教育园区位于 Kraków. 波兰飞行员的浩瀚公园。这是最大公共花园的一部分。最初，它是发展成为一个有沥青人行道、落叶树和针叶树和大量自播种植物的绿色空间。该地区坐落在一个广阔的绿色空间，并且有一个非常有趣的风景。由于这里公共交通很便利，将 Nowa Huta 与 Kraków 的中心连接起来，还有主要交通干线，很容易向大众开放。

　　周边地区的院校，如 Cracow Polytechnic 的机械学院和体育教育学院，是很有意义的一个方面。设计花园的选址靠近 M1 和中枢广场购物中心。波兰飞行员的公园被很多大型住宅屋苑包围着：Dąbie, Wieczysta, II Pułku Lotniczego, Czyżyny and Kamionka.

　　现在超过 60 公顷的面积是由本来就存在的人行道和树道的网络发展起来的。小巷的布局，让人想起了树冠的布局，并添加了有机的、叶片状图形的展示平台。"叶子"的表面和形状都不相同，为教育机构提供了展示的平台，同时他们也做了一些教育、感官体验的主题 ——它们每个都是由不同的材料制成的，并且每一个都有一个独一无二的形状、颜色和纹理。

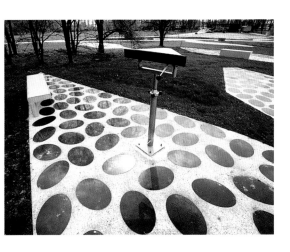

在波兰飞行员花园，体验花园在指定的、被树木和绿地所环绕的区域包括超过 50 种互动装置。每个装置都代表特定的自然现象，即你可以生成一个漩涡，看着它想要多久就多久；你可以剪切三棱镜里的太阳光束，感受到锣产生的气浪；使用声学电报发送和接收消息；试着走走钢索；用耳语但仍然可以很好地听到 20 米开外距离的声音；进入万花筒里，用自己的力量创造非凡的图像等很多其他的体验。但最重要的，这需要我们亲身经历科学的进步，才可以明白周围的自然现象。

大熊猫森林动物园
WAF_Adelaide Zoo Giant
Panda Forest_draf

项目名称：大熊猫森林动物园
项目面积：3,000 平方米
设 计 师：HASSELL

由 HASSELL 设计的 Adelaide 大熊猫森林动物园是世界上具有标志性和濒危大熊猫物种的领先展品之一。熊猫森林的设计体现了动物园环境、教育、保护和研究以及在 21 世纪重新定义的动物园概念的核心原则———一个当代环保组织与重要的育种的研究计划。

新的展览是结合了动物园现有的通道网络，通过外在和内在增强的资源信息提供一次方便和有吸引力的旅程。休息、遮阴树和凉亭为环境顾虑和信息保护提供了机会。

3,000 平方米的展览平衡了给大熊猫提供可选择的、舒适和刺激的环境，同时给饲养员提供了管理的灵活性和游客的极佳视觉访问这些需求。

多品种展览，该机箱可容纳多达 3 对雌雄大熊猫和小熊猫以及鸳鸯。熊猫使用了两个 600 平方米的室外展览以及空调房间。矗立着的大厦为大熊猫的管理设置了新的标准，而且使饲养员具有灵活性和控制性。矗立着的大厦还设有 24 小时 CCTV 放映和观看设备。

一系列的设计功能充实了环境，特别是专注于气候控制。冷硬的岩石，溪流和瀑布是用于洗澡的，成熟的遮荫树为登山提供了有利条件，玻璃纤维增强的混凝土洞穴是为了遮阴和当作蔽所的，这些为动物们创造了一个舒适而刺激的环境。

中央釉面轴提供了研究、食物准备及辅助设备的公共意见。有庇护的公众观景台集合了一个巨大的悬竹篷及大型滑动屏幕，以满足人群需求和隐私管理。

协作和广泛的咨询，是展览成功的关键。动物园的专家饲养员、兽医、游客体验者和解释专家在对这种类型的设置没有一个正式标准的情况下，合作来发展展会的功能需求。

洛迪步行路花园
Giardino Del Passeggio

项目名称：洛迪步行路花园
项目地址：意大利 洛迪
项目面积：35,000 平方米
设 计 师：Gianfranco Franchi
景观设计师：FRANCHI ASSOCIATI
工 程 师：COWI A/S
摄 影：Gianfranco Franchi

　　洛迪步行路实际是一个正式的花园，面积狭长，周围绿树葱葱，位于城市的入口处，对于那些要穿过主干路去市中心的人来说，它会首先映入眼帘。它造型独特，地理位置极佳，不仅成为了进入城市的通道，还是一个风景秀丽的重要景点，为公众提供了可利用的绿色空间。

　　设计上的困难包括按照现在的需要对一个建于 20 世纪满足不同文化模式的公园进行改变。

　　花园的特点是具有统一规则的几何图形，有成排的树和大的花坛，花坛由树篱围着，阻止人进入。

　　我们认为可以加点有趣的元素，然后我们做了。我们对外观形式做了重新诠释，挨着现有的花园又修建了一个新的花园。这一过程极其的复杂，设计小组内部进行了大量的讨论。把新的和以前的设计有机地结合起来是很困难的。

　　在重新修建的过程中，我们依据现代生活的需要给各块区域赋

予新的身份和功能。我们引入大量的阴凉处及聚会和休息的地方。

我们决定把水带回花园。在花园修建之前，水是环绕整个城市的，我们感觉让水扮演一个重要的新角色是很关键的。

然而，过去水流位置很低，我们面临的问题是怎样复制相似的景致。

最后，水作为整个花园的特色元素被引入，现在水流过我们设计的各种各样的房间。水流路线开始于一个喷泉，接着是蜿蜒的石面。然后它绕回到能做水上游戏的喷泉。水在整个花园里忽隐忽现，引起人们的好奇和对历史的记忆。

这个方案的选择令人感到高兴，因为今天人们络绎不绝地来到公园，他们在花园别致的景致中能够找回自我。

不幸的是，大量的游客给管理和维护方面正带来了一些问题，很不容易解决。

一个都市公园，一个花园，一个景观应该依据每个地方存在的结构、符号和历史来开发建设。我不相信有一种国际风格能符合所有公园的设计，那将意味着为了激发新形式和新用途而丢失不同地方的特色和树立"场所精神"的可能性。只有通过这种方式我们来才能试着去实验和创造新的公园。

Herzeliya 公园

Herzeliya Park

项目名称：Herzeliya 公园
项目地址：以色列 Herzeliya
项目面积：728,434.156 平方米
设计公司：Shlomo Aronson 建筑
师事务所

这个城市公园将生态环境的必要性与功能的多样性完美地结合起来。该城市公园为每个人，无论是小孩还是老人，都提供了足够的空间，用以进行休闲娱乐活动。一方面，这个公园通过循环水系统来浇灌草坪，使草坪生长的郁郁葱葱，并让茂盛的草坪持续发展生长下去。另一方面，相邻的冬季池塘区域已经被保护了起来，这个池塘被用来供养本地的鸟群和冬季迁徙来的候鸟鸟群。

现阶段所呈现出来的项目规划是未来整个大型城市公园规划中

的第一期（第一期为 40 英亩，整体规划为 180 英亩）。作为总体项目规划的一部分，一期项目规划如同基石般重要。一期项目规划将描画出一个纲领性布局的轮廓，并且为整个现场工程提供发展性的战略方案。这里解决了第一批潜在用户的需求，创建了一片生机勃勃的，并且有发展潜力的公园带。与此同时，这个城市公园保护并展现了丰富的自然进程和本地的生态环境。这也是为了提高市民保护与公园接壤的冬季池塘和丰富的野生动物这一公共利益的意识、

兴趣，并获得更多的政治支持；直到现在为止，这片区域还是不为人所见的，仅仅被当作是蚊子的滋生地，而被公众普遍忽视。公园毗邻城市的足球场和体育中心，现已成为 Herzeliya 大型综合娱乐活动场所中不可或缺的一部分。

公园地处一个有着久远历史的排洪区，蓄滞的洪水经由这里，再通过一个古老的罗马时期修建的渡槽而流向地中海（直至去年，这个地区才增加了一个新的泄洪管道）。过去每当暴雨到来时，周边有超过半数的城镇，都会通过这个由混凝土衬砌渠道而形成河道排入公园，再流向渡槽。以前，大部分的农业用地都已经荒废了，这些土地被用于垃圾填埋场，多余出来的土方被工程中使用。由于该地区的土质是那种十分粘稠的粘性土，其沁水率很低，一般大型的池塘可以在冬季的几个月时间里一直持有积水。正是因为这种季节性的洪涝灾害，保护了这个位于人口稠密的中心区域，而未被用作房地产开发。

Vlaskamp 公园

Park Vlaskamp

项目名称：Vlaskamp 公园
项目地址：荷兰 海牙
项目面积：25,000 平方米
设 计 师 / 建 筑 师：Carve took care of design, engineering and site management and surveying.

Vlaskamp 公园是一个拥有大量的游客的社区公园。它提供了一个散步和玩耍的地方，一般周末会有更多的游客。在这里，孩子们可以游逛、进行非正式足球、在草地上玩耍、举行家庭烧烤派对。

形成一个能直接连接到城市森林的公园，是 Hague 绿色基础设施的重要组成部分。

Carve 被要求给出一个振兴整个园区的建议。这涉及到基础设施、园林绿化、游乐元素和游乐场。

布局中现有的绿色气氛一度领先于这个设计。公园的透明度必须被带回。这是通过降低灌木丛，清理相邻杂草丛生的梯田和码头，以及改善现有道路结构来完成的。所有的游乐区和公园设置都能连接到道路。

用于这个位置的新的游戏元素都被特别设计，以保持地面物体的完整性或者让它们尽可能透明。

一个崛起的木结构建筑是一个沙坑的边缘，它演变成了一个设

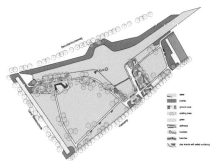

有滑梯的木制跑道。精心构造的安全曲面包含一个内置的巨型旋转盘。

　　超过 8 米高的攀岩塔有树干般的柱子，周围树木的水平树冠上有可承载孩子们的地方，它可以让孩子们坐在高处来俯瞰整个公园。

Waldkirchen 花园展
Nature in Waldkirchen -
A decentralised exhibition concept

项目名称：Waldkirchen 花园展
项目地址：德国 巴伐利亚
项目面积：75,000 平方米
景观设计师：Rehwaldt

本次小型花园节以分散展览理念为基础。花园的主展区设计成环形路线，从花园展的核心 – 新 Waldkirchen 城市公园，途经老城区，到达 Waldkirchen 市内和附近的特色区。

新城市公园位于老城区的东南侧，Waeschlbach 小溪沿岸，成为花园展的主要特色。对原有街道、停车区和公共汽车站进行重新规划之后，有必要在城市公园和花园站附近建一个宽敞的入口，所有的重大事件和活动都可以在这里举行。观景台提供了观赏周围景色的特殊视野，同时也对周围的景色进行了很好的诠释。

Waeschlbach 溪谷以各种景点和古迹著称，如大自然的地标"Gsteinet"，Waeschlbach 沿岸的泛洪区森林和山腰草地，以及城市中一些受保护的生境。设计利用长长的草地旁边多样化的地形打造出不同的花园，提供了绝佳的观景视野。花园展内建立了一个新的空地系统，通过新建的小路将城市公园与附近的住宅联系在一起。结构设施和设计焦点都尊重了 Waldkirchen 作为巴戈利亚森林

一部分的独特位置。因此，作为功能和艺术元素，木材在这里发挥着重要作用。城市公园的元素，如入口广场、城市散步道、水景楼梯、樱桃园、水塘和 Waeschlbach，以及带有 Gsteinet 的宽敞草原都被融入设计之中，组成一个设施齐全的区域。公园另一侧，远处多样化的景观增加了公园的宽敞感。

花园展的另一个亮点就是环形路旁边的"Bellevue"花园，它代表着除了市场、公墓、城市公园和体育设施等城市空间以外的另一个城市特征。通过综合的设计，Waldkirchen 独具特色的景观在"Bellevue"重新上演。亲水小路与灌木相互呼应，显露出内部和外部区域。鉴于空间的因素，喷泉所在的位置既是一个运动场，又是一个娱乐区。作为一个以 Waldkirchen 的水资源为特色的古迹，场地通过当代景观建筑得到了重新诠释。

中邦城市雕塑花园
Zobon City Sculpture Garden

项目名称：中邦城市雕塑花园
项目地址：上海

中邦城市雕塑花园坐落于上海浦东新区一个拥有 5,000 多户住宅的居住区的中心。设计目标是创造一种艺术、景观和建筑设计的创新模式，使密集的城市生活可以持续发展。这个仅仅占地 0.6 公顷的花园从 3 个侧面展示出了这座城市的美丽，而这些美丽通常都被忽视了。

作为一名艺术品收藏者，客户对通过景观及开放空间设计为居民和游客提供一个创造力的平台有着很大兴趣。这一概念也是推动

中邦城市雕塑花园景观设计的推动力之一。

景观艺术是来自于景观设计师对于城市和自然力量之间相互关系的理解，城市中的现象，如洪水，地面沉降和高速公路的基础都是上海浦东所面对的问题。景观设计试图通过 3 个不同的场景抓住并重新解释这些城市或自然中的动态。

黄埔抽象花园

位于一个繁忙的十字路口的拐弯处，很好地对公众展示了花园

的形象。这个花园的设计是以河流的基础设计建设为特点的。每年这里都会有洪水漫上河岸，它彻底地改变了人们与河滨的关系。这个花园模仿了这一事件，创造了2.5米的堆叠似的玻璃喷泉，瀑布的水流缓缓流下，广场上还提供可以观看这一水景的座位。

认知花园

位于街道另一端的是认知花园。这个花园的设计为居民和游客提供了一个冥想和放松的地方。花园中种植了许多五颜六色的植物，

轻轻的响声从一个简单的喷泉处传出，地上是整齐的砾石。

天空花园

这是最大的一块户外空间，它被建筑完全地包围。这个花园试图抓住怎样能使天际线被保留下来，这个设想反映到形式上成为了椭圆形的锦鲤池环绕着各色的种植以及不同坡度的地形。这一区域还包括小型聚会、餐饮和活动的功能。

仁恒河滨花园
Jen Ganges Marina gardens

项 目 名 称：仁恒河滨花园
项 目 地 址：上海
项 目 面 积：92,000 平方米
设 计 师：李佳毅，钱婕

　　仁恒河滨花园位于上海长宁区天山路、芙蓉江路，是新加坡仁恒集团在上海市区开发的高档滨水楼盘之一。由上海现代建筑装饰环境设计研究院有限公司院与新加坡 cicada 景观设计公司合作进行景观设计。基地大致呈南北向略长的矩形，地块总用地面积大致为9200 平方米，其中景观面积 7200 平方米，绿地率接近 60%。整个景观设计的理念，是力图通过抽象提炼的景观元素：山丘、海洋、大地、森林，来表现自然的"和谐之美"。

　　整个小区道路结构合理：东西向两个主要出入口，人车分流。外围车行道环通，与每栋住宅入口形成环岛，并有风雨廊相连，内部步行区域景观优美丰富。景观结构清晰：南北向公共景观带设置了众多的公共活动空间，拥有会所、室外泳池、网球场、篮球场、高尔夫挥杆练习场等设施一应俱全。长达 200 多米的绿色大道贯穿其中，形成绿轴，表现森林的郁郁葱葱。东西向中央景观轴，气势非凡。两轴交汇处小区会所成为公共活动中心。以会所为中心，连

接两个主要出入口，充满大家风范。滨水景观带：涌泉与整形绿化配合入口广场的规整大气，如溪流般灵动，流畅自由曲线的泳池表现海洋的宽广；由建筑与景观设施分隔围绕出四个组团空间，各具特色，主题鲜明，通过景观廊道和滨水景观带与景观构架有机结合，达成完美和协的景观效果。组团一：不规则弧形土坡和植被，表现小山丘的舒缓可爱，与儿童游戏场相得益彰；组团二：直线规则的台阶草坡表现大地梯田的意向，别具特色；组团三：丰富的植物层次，营造绿岛的感觉；组团四：以太湖石、大面积深灰色卵石结合喷雾表现山石的灵秀。

在绿化种植设计上：整个小区的中心轴线以马褂木、榉树、草坪为主，营造开阔的植物空间，体现"秩序的美"。成人泳池中的儿童泳池被加拿利海枣、华盛顿棕榈等植物环抱，仿佛在海洋中形成的绿岛。儿童乐园几个满植杜英的环形小岛培养儿童探索、攀登精神，周围种植一些具有趣味性开花、结果的植物和缤纷的秋色叶植物，如银杏、香泡、红花继木球、杜鹃等吸引孩子们的注意，增加童趣。沙滩区采用蒲苇、亚菊、黄菖蒲等植物体现了"野趣"的氛围。用竹和淡雅清香的花灌木围绕在花岗石的景墙周边营造秀丽、清雅的意境空间，体现"清、香"主题。小区组团间以乔木银杏与片植杜鹃构成环形的空间，独具匠心的波浪式草坪与台阶式草坪丰富了整个社区地形变化。宅前宅后使用的植物种类丰富，多而不杂、合理精美、错落有致，以形式多样、多层次的植物群落贯穿整个空间绿地。又考虑季相变化，运用春花秋实的植物如：和缓、茶花、

垂丝海棠、樱花等春天开花植物，石榴、香柚、无患子、规划、红枫等反映秋景的植物，冬深孕春意、秋尚余夏韵、几处花团锦簇的花境更为整个小区锦上添花。

整个小区设施齐全，景观细部设计精致周全：室内和室外各设了一个游泳池，其中室外游泳池为木平台、水面面积约 2,000 平方米，分为成人泳池、深水区、浅水区、儿童泳池，按摩池等。周边还设置了室外冲淋与浸脚池，池边铺设木平台，给人以一种亲水、自然的感觉。不远处用景墙和玻璃相结合的小建筑便是盥洗更衣室，周边还种植哺鸡竹。儿童活动区里的景观亭既是亭也是雕塑，亭的整体风格现代，顶部用槽钢作为边框，烤上银灰色的漆，不规则穿插的立柱承受了整个顶部的重量。下方的木凳面座椅与顶下的木梁条相呼应。小区的座椅也采用了木凳面与花岗岩相结合的做法。木凳面下设置了不绣钢垫片，然后用螺钉将木条与不绣钢垫片固定，再从木条之间的缝隙中将螺钉与下部凳基础结构固定，这样木凳的表面就不会有钉子，不会出现衣物被钩的问题了。排水盖板采用了装饰美化的手法，材质多为不锈钢、卵石、黄岗岩等，并与周边的绿化协调融合。

小区的景观设计还具有科技上的先进性：为了让整个景观在绿化及竖向上有一个良好的视觉效果，在场地的局部地区地形土方堆的比较高，而且有大部分是在地下车库的顶板上，由于泥土的荷载比较重，超出了地下车库顶板的荷载范围，直接在顶板上面堆实泥土是很危险的，甚至可能引起地下车库顶板的开裂。最后采用了一

些新技术、新材料——EPS，此材料的物理特性比较好。因此在地下车库顶板上覆土高度超过 1.5m 时，土体下采用 EPS 材料填充至地下车库顶板面标高处。具体做法也是在地下车库的顶板上先铺上一层排水组合板，然后再铺上无纺布一层，再付上 EPS 垫块，经计算 EPS 材料的容重必须控制为 0.25KN/m，最后再覆上种植土。这样不但减轻了负荷，化解了危险，而且在满足使用的前提下降低了建设的成本，最终形成了良好的效果。

　　项目建成并投入使用后，赢得了各方的广泛好评，成为高品质住宅小区景观设计的典范。

南通滨江公园
Nantong Riverside Park

项目名称：南通滨江公园
项目地址：南通
项目面积：28,920 平方米

滨江公园根据周边环境、地形地貌以及反映南通城市特色进行构思，将公园分成5个景区：港口风情区、江岸风光区、碧水金沙区、休闲天地区、湿地生态区。

港口风情区：本公园北邻狼山港区，区内巨大的吊车已成为本公园西北天际线上最醒目的"风景"，用树木或其他方法均无法遮挡。因此本方案设计因势利导，将港区的远景和公园景观巧妙结合，视远处高大吊车为借景，组合公园内部的"激光塔"、"港桥"、

"金锚"、"老船长"等主题景点，将南通这个重要的长江港口城市的特征表现得淋漓尽致。高高的"激光塔"成为滨江公园的标志，将港区与公园的景色非常自然地过渡。每当夜晚降临，激光塔通体透明，光芒四射，象征着南通在21世纪的光辉前程。

江岸风光区：滨江公园沿长江景线达850米，江岸风光区由"亲水平台"、"波浪平台"、"克莱特纪念像"、"江上世界"、"凌波台"及沿江各小品组成。"亲水平台"从江堤顺台阶伸入江面近

30米，即使在枯水季节也能保证台阶自然伸入江水中。"波浪平台"是从江水波浪中获得灵感而设计的亲水平台，从江中看"波浪平台"大堤仿佛是层层波浪向前推进，它既起到了亲水效果，又改善了江堤单调的形象。在原荷兰水利家克莱特设计的堰坝前本案设计了一组景观，以致对这段治水历史的纪念。

碧水金沙区：滨江公园中心位置上设计一个音乐喷泉泳池，该泳池由旱喷泉、山林瀑布、大小三个嬉水池及通往泳池的斜拉桥等组成，泳池边有从南海运来的金色珊瑚沙铺成的沙滩，在夏暑季节人们在此沐浴江风，水中嬉戏，在不能游泳的季节，泳池内的喷泉随音乐翩翩起舞，是一个群众休闲观光的好场所。

休闲天地区：休闲天地由一组现代休闲式景观建筑群组成，该

建筑群结合地形高差顺坡而建，并形成"夹水"、"夹道"格局，建筑群对内可观湿地水景，对外可观金沙滩和远处江景，该景区既是滨江公园的服务中心，也将成为南通市休闲生活的一个时尚中心。

湿地生态区：本规划区域内现有河网及若干水塘，设计中尽可能地保护这些可贵的湿地资源，并且在原来的基础上适当整治，形成特有的"原生态水景"。方案中将排灌用的水利工程设施经过"包装"和组合，形成一处新的有历史遗存感的景点。

其他景点：本规划方案在地块南部靠近龙瓜岩景区处设计一座露天音乐广场；在和龙瓜岩景区结合部设计一座书画馆，这座传统形式书画馆的建设将充实龙瓜岩景区的内涵并延续龙瓜岩景区已经形成的建筑风格。

绿化设计

根据南通北亚热带气候和当地植被生长的特点，对公园绿化设计提出如下：

原则是绿化要符合新的时代特征，要营造出自然、大气的风格，注重生态平衡的原则，形成稳定的植物群落。

绿化要符合地域特征，以本土特色树种为主，并能形成四季常绿，又强调季节变化的景观特色。

种植设计要体现总体布局的功能要求，同时重视生态效益。要统一全园区的植物风格，确定绿化的基调树种，每个区域根据其形成景观的要求确定合适的植物种类，既要有多个区域的特色，又和整个公园的氛围相协调，达到林成荫、树成群、草成坪、花成片的优美景观和物种多样性要求。

道路设计

滨江公园主道路系统近似"田"字形，南北向三条景观主干道分别以三条堤坝为基础进行适当美化、调整，并结合多个小广场、休闲平台等，将线性路网与若干个面结合。最东面的竖向干道为双边密林式林荫道，中间干道为单边密林为主的休闲道；最西边沿江为宽敞开阔的滨江景观道。东西向三条景观主干道分别是一条位于区块北部的以"金锚"雕塑为终点的景观轴线道。一条位于区块中部，穿越休闲天地通向亲水平台的道路；另一条位于给水博物馆北通向江边。

滨江公园在主干道骨干的基础上布置联系主景点与次景点、次

景点与次景点之间的次干道和庭院道，这些道路的设置能够使游园的人们通过曲折的道路游赏各个景点。

公园内道路共分三级，第一级为主干道，路面铺设花岗岩、青砖、水泥砖、镶嵌卵石等材料，路宽4~9米，甚至放大至广场；第二级为公园内次干道，路宽2~4米，由彩色水泥砖、碎石砖等铺设；第三级为庭园道，路宽1.2~2米，分别根据景区性质来设计路面，有片岩、彩色水泥砖、广场砖、卵石等各种材料组成。

灯光照明设计

一般照明设计：根据公园内不同景点和功能的特性采用不同亮度和形式的照明，主干道和各主要广场一般为金属卤盐反射灯结合草坪灯，灯高3~6米，次干道采用园林灯或草坪灯，园林灯高一般在2.5~3米。

重点照明设计：主景点、大树、建筑物有大量投射灯照明，激光塔内部有灯光透出，上部有激光射线，主干道、广场地面、亲水平台有地埋灯，喷泉下面有彩灯，休闲天地区树林有成组投射灯，建筑物有轮廓灯、霓虹灯。

其他设计

建筑设计：公园不仅是市民游玩、休闲的场所，也同样是市民消费的场所。本方案中休闲天地处设计了一组街式建筑群，该建筑群内集中了餐饮、酒吧、茶室、娱乐等各休闲名店，另在公园各处均匀分布有商业建筑。这些建筑风格上均采用"风景建筑"特有的模式，亲切、自然和环境融为一体，公园内还设有管理用房、公共厕所、

更衣室、配电房等。

无障碍设计：人行道上设置盲道。保证无障碍道路路面密实平坦，表面防渗，地面有高差处设置坡道。

竖向设计：本方案设计中有一定的地形改造工程，沿江边、沿几条主干道标高较高，有些需要填方，局部地方为塑造地形，堆土将高于江岸的标高，才能保证公园的艺术效果，这一部分面积适当控制。本公园内人工土坡最高点标高为 9.0 米，最低点位于湿地区水塘边。

合肥政务文化主题公园
Hefei City Cultural Theme Park

项 目 名 称：合肥政务文化主题公园
项 目 地 址：安徽合肥
项 目 面 积：50,000 平方米

　　方案在轴线布局上，抽取出 4 条主轴线为园路，在 4 条主轴线确定的基础上，将其旋转 45 度角，再与原轴线叠加，形成了各种大小不一、形态各异的空间，既丰富了轴线间各区域的相互联系，又不破坏整体的轴线系统，达到了以简单的形式构成丰富的三维园林空间的效果。

　　在分区布局上，整体公园以绿色为主基调，结合分区布局，配以在绘画艺术中最基本的色彩三原色——红、黄、蓝，来突出和渲染此公园的主题——"艺术"。

　　在地形设计上，主要强调整体性和现代感，多采用大尺度、大手笔的造景手法，如中心水池采用规则式的手法，主要借鉴了徽州著名的宏村中心水域的处理手法，水池中，建筑物分居四周，各建筑的倒影在水中交相辉映；再配以大面积的几何形草坡、景观树阵和序列感的景墙等景观要素，均体现一种简约、大气、浑然一体的景观效果。

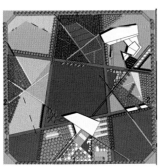

　　由于园中主要采取分区的手法，故在功能配置上具有较大的灵活性，大多数空间都可为不同的活动形式提供相应的承载力。方案力求创造出一处平和宁静的场所，形成政务文化新区的一个亮点，在这里，景观与建筑浑然一体，是绘画艺术的家园，而公园本身是一幅挥洒于大地之上的景观艺术。

天津桥园
Tianjin Qiaoyuan Park

项 目 名 称：天津桥园
项 目 地 址：天津
项 目 面 积：220,000 平方米
设 计 公 司：北京土人景观规划设计
研究院，北京大学景观设计学研究院
设 计 师：俞孔坚

　　天津大地，东临渤海，碱地滩涂，平原低洼，虽微小之地形变化，便有水土与盐碱度之差异，植物群落应之而生。碱蓬落霞，柳林翻雪，蒲草拥塘，苇荡茫茫，此自然景观，虽习见而美丽无常，却多被传统造园者所不屑；扼守京门，据海港之利，物质流通南来北往，文化交流东递西进，工业发达，人文昌盛。此公园设计所欲彰显之自然与人文特征。公园之名为"桥园"者，盖津城桥梁众多，类型丰富，琳琅而成特色，故设桥博物馆于园中，以供展示；桥又乃沟通联系

之物，寓有重建人与土地、城市与自然联系之意。

　　公园采用当代设计手法，注重地域特色和景观体验。以东南角为原点，其功能和形式向西北一线分层演进，呈现由城市向自然的层层递变，与人对公园的使用强度相对应。临街密植乔木林带，以蔽行车之嘈杂，遂成市区绿洲之缓冲；林带以内，高台磊叠，长廊如虹，漫步其上，豪情随清风而起，烦意因晚霞而落；红罗粉裙，飘然于树冠之上，童颜须发，对弈于绿萝之下。台地间，花园下沉，

野草杂花与艺术设计相辉映，稚童或游戏其间，少妇聊座于石阶。高台勾连长廊，漏窗成景，溢绿野于街市，诱市民入桃源。浅水如带，界分园之动静。东岸栈桥参差，穿插于香蒲芦苇之间；西侧步道蜿蜒，与高台长廊隔水相望。核心区内，塑地形而成泡，标高程之微差，显水土盐碱之分异，生物群落相适应而生，野花纷繁，取样天津之自然。令平台伸入泡内，常有恋人相拥其间，听虫吟蛙鸣；更有美眉舞骚弄姿，取景摄影；偶有三五同学少年，指指点点，辨花识草，始知家乡景观之原委。绿泡间，柳林掩映，步道如织，晨练男女流连于步移景异，休闲游客贪逸于红台绿椅。公园西南角为服务建筑，怀水为明堂，环湖而布，飘浮于水面湿地之上，勾以连廊栈桥，供艺术与创意之用，也为茶酒之娱。

常居于城市者，皆以钢筋水泥丛林为庇护。夜不见星斗，昼不辨四季，纵有花草树木者，皆为园艺雕琢之品。渴望重归自然，蒲草摇曳，芦荻翻飞，百草争荣，万柳成荫，虽乡土而美妙无限，纵平常而不乏诗意。凡执政为民者，必以民之所需者为虑。民之所需者，生态而宜居。故城市必以营造优美环境为先，而环境绿地之所以优美者，必以乡土生态、人文关怀为要旨，此桥园之建设者所遵循之理。

基于功能要求、地域及场地特征，桥园设计遵循两个概念：

"城市－自然"谱系：公园整体结构以东南角的扇心为原点，以东、南两侧临街界面为两舷，分别平行向西、北分层推进，功能和形式上呈现由城市向自然的层层递变，形成一个"城市－自然"

递变的谱系，与人对公园的使用强度相对应。

取样天津：在景观元素构成和材料上，设计采用了取样的方式来反映天津的地域自然和文化景观特色。取样对象包括从植物群落和植物材料，到工业材料，并使公园提供完整而丰富的景观体验。

景观构成包括城市林带、高台-沉床园带、湿地-湖泊带、疏林草地-高台带、群落取样区西北边缘隔离带、一条对角线三个节点、一组服务设施。

项目旨在探讨另一种新的园的设计途径，即把景观构成元素分解后，通过取样来还原地域的自然和文化景观体验。这种取样方式得益于统计学的原理。这样的设计旨在创造寻常的真实景观和真实体验，而非收珍猎奇和异常的体验。

福冈堰樱花公园
Fukuoka-Zeki Sakura Park

项目名称：福冈堰樱花公园
项目地址：日本 茨城县
项目面积：27,000 平方米
设计公司：Keikan Sekkei Tokyo Co., Ltd

福冈堰樱花公园坐落于福冈堰附近的 Kokai 河畔，福冈堰是 Kanto 地区最具历史意义的三大堤之一。这是茨城县和筑波未来市的合作项目，以纪念组成筑波未来市的伊奈县与谷原县的合并。

公园保持且充分利用了具有历史意义的福冈大坝周围的民居景观，同时高度重视此地区的生态功能。为了保持该地区的生物多样性，现存的森林被进行了最大程度上的保护。

公园举办以樱花为主题的庆祝活动，这是因为该地区有史以来就闻名于她美丽的樱花漫步。在中心入口处仁立的"樱花与微风"纪念碑，欢迎着人们的到来，同时象征着欢庆筑波未来市的诞生。

这个项目的最重要的目标之一就是要给人们进行社交及亲近大自然和水提供便利。而水之源纪念碑、雾泉和 Jabu-Jabu 人工水池都是公园的中心设施，他们给游客提供了可在夏季有高度互动性的水上活动。

四季的变换，如春天的樱花绽放，夏日的水上嬉戏，秋日的落叶景观让公园一整年都充满了乐趣。

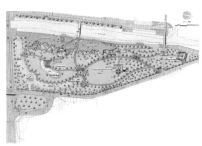

柏林莫阿比特监狱历史公园

Berlin Moabit Prison Historical Park

项 目 名 称：柏林莫阿比特监狱历史
公园
项 目 地 址：德国 柏林
项 目 面 积：30,000 平方米
景观设计师：Udo Dagenbach,
glasser and dagenbach
设 计 公 司：glaßer and
dagenbach GbR
garden and landcsape architects
摄　　　影：Udo Dagenbach

公园的主题、城市规划以及它的建筑和政治历史对于柏林的城市景观来说是独一无二的。建立一个既纪念历史同时又适合人们放松和学习的地方已经以一种示范性的方式实现。历史遗迹得以被保存、修复并用现代风格加强。

极简主义雕塑设计原则中的拟剧场方法再一次永久性地把附近中央车站无序空间里的建筑遗迹保存下来。该历史遗迹50多年不对外开放，现在当地居民和到柏林的游客可以重新领略它的历史意义并享受它的娱乐休闲资源。

当地自治区的居民全力参与该公园几乎16年的规划和开发。Mitte区，以街道和公园办事处作为其代表提交投标书以说明如何通过积极但认真的景观建设来改造和维护复杂的城市空间。

该历史公园的设计是建立在对该地区历史的深入研究之上，从150年前莫阿比特监狱的修建开始。该公园处处能让人感到这些土地的自然布局和先前的功能用途。

该公园三面由5米高的监狱墙围起，这些墙至今仍完好无损。这些墙和3个曾经的警卫住处（18号）使游客对监狱的大小和形状有一个很好的了解。

游客能够通过3个设计不同的门口（1~3号）进入公园。在高墙庇护下的公园内部，重新展现了以前监狱建筑呈星状的布局。公园的BD两翼（5~7号）是高低不平的草坪。灌木树篱则在曾经的A侧区，并展示了孤立的牢房（4号）的布局和大小。

游客能够参观一个按照原有大小尺寸（4a号）重建的牢房，并能听到几首Albrecht Haushofer在1944~1945年冬被监禁期间写下的"莫阿比特十四行诗"的录音。

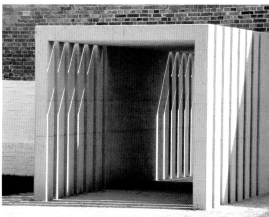

海天花园
Horizon Garden

项目名称：海天花园
项目地址：美国普罗维登斯
项目面积：557.42 平方米
摄影：Mark LaRosa

艺术概念：天际花园

　　这个雕塑花园创建了一个艺术环境，摊铺图层、地貌、定制的座椅、不锈钢雕塑元素，创造出一个流动性和光转化的丰富经验。艺术概念，是利用光在白天用金色色调的光整合"阳光"进入空间在地平线处填补这一空间的阴影启发的。整整一天，金色色调变化缓慢，在雕塑的基础上转变成橙色的色彩，在晚上逐步转化成蓝色色调。光的颜色会波及到相同颜色的各种色调。

　　不锈钢雕塑元素在这个艺术的花园勾勒出不同的空间和活动。雕塑的表面是一个折叠和分层穿孔的不锈钢皮，它允许光线和色彩通过一块纹理的表面发出。白天，金色色调从亮黄到橘黄变化，发出光线使其从半透明表面增亮空间，创造"太阳地平线上"的温暖焦点。到了晚上，雕塑变成了广场内一片蓝光和流动性的改变。雕塑鼓励参与者走动并从事各种由铺装图案、地貌和植物材料组成框架的园林空间。

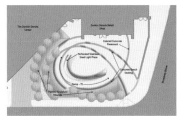
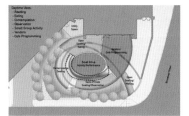
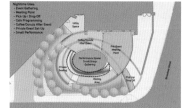

现场集成概念

雕塑以蜿蜒的形式流经花园，定义人流，创造温馨的休息空间以及更大的聚会。该曲线铺路图案的设计突出温暖、组织和空间内的视觉兴趣的艺术元素的源泉的核心作用。铺路模式从以雕塑曲线的形式为框架的花园的各个子空间里散发开来。发光再循环的蓝色玻璃将在混凝土表面手动播出，以创建这些弧。

一个花园路径提供给行人在雕刻出的有定制休息区的花园空间观看中央雕塑的另一种方式。此路径从街道轻轻地升起了两英尺并再次回落，创造了一个上限和下限的花园体验。铺设设计和雕塑看上去连接花园到街上。雕塑地貌和植物布置的形式给园林空间一个

框架并加强了整个设计的流体阅读。花园和雕塑材料以及光一起，无论是白天还是夜晚为个人享受和较大的群体聚集营造了一个绿洲。

材质和规格

这个雕塑是由三层 3/16 厚的可以激光切割成椭圆形的雕塑波纹图案的不锈钢板构成的。外层不锈钢板将有一个天使的头发来整理掩盖可能随时间发生的任何划痕。所有图层都将是海洋级耐腐蚀不锈钢。固体的和空洞的三层的层次将创建一个模仿地平线上光波运动的涟漪波纹效果。激光切割模式将使分层不锈钢面板的折叠面翘曲和起伏。激光切割孔洞将有宽 1/2，长 2 的弯曲边缘。

雕塑将被一个铝桁架系统给予结构上的支持，这个系统是直接

安装到混凝土基础铸件和通过夹子和防篡改的紧固件系统的锚柱上的。桁架系统将与在沿着内侧的雕刻层中的褶皱垂直运行，以便在视觉上形成离散的感觉并从前面完全隐藏。不锈钢表面的实际折叠极大地提高了工件的结构稳定性，使得它非常耐用，而且可防破坏。

芝加哥千禧公园卢瑞花园

The Lurie Garden, Millennium Park,
Chicago, Illinois

项 目 名 称：芝加哥千禧公园卢瑞花园
项 目 地 址：美国 伊利诺伊州
项 目 面 积：35,000 平方米
景 观 设 计：Gustafson Guthrie Nichol Ltd

景观设计师在城市中心开拓了一片绿洲。这里植物种类丰富，色彩协调舒适，同时具有多层次的使用功能，受到了大众的普遍喜爱。这不是一个传统意义上的普通植物园；花园设计提升了公园的整体品质，无疑是今年 ALSA 竞赛中提交的一件非常具有代表意义的杰出作品。

卢瑞花园是一座面积 3 公顷的屋顶花园，位于芝加哥市中心千禧公园内。该花园不仅表现了芝加哥独特的城市景观，那种大胆的

当代标志性风格，还为城市居民和野生动物提供了安静的休憩场所。卢瑞花园与千禧公园内其他景点的区别在于，它利用多种植被和自然材料营造出令人难忘的文化体验。景观设计彰显了芝加哥城和花园所在地高速发展的立体组合型城市景观。

项目选址、范围和规模

卢瑞花园的落成使芝加哥增加了一处占地约 1.215 公顷的新型植物园。花园坐落在壮观的千禧公园内，属于 Grant 公园的新增

组成部分。具体位于弗兰克·盖里建筑事务所设计的露天音乐厅和Renzo Piano建筑工作组设计的芝加哥艺术馆的新增建筑之间。整个花园构建在湖畔千禧停车场的屋顶。

场地及背景调查

芝加哥最初是从沼泽地带建设发展起来的，此后便不断加速向高空扩展。随着城市的迅猛发展，其自然环境及自然资源都有所改变。同样，卢瑞花园的所在场地也经历了一个逐渐形成的过程，从原生海岸变成火车站，再到停车场和屋顶花园，地势不断增高。卢瑞花园充分体现出这块场地过去与现在的强烈对比。

芝加哥拥有纵横交错的发达街区网络。密集的铁路线穿过街区，构成更为壮观的城市交通线。道路就像弯曲的辐条一样，从芝加哥市中心的Grant公园辐射出去。卢瑞花园内的道路和其他构造，及其与Grant公园的规则网格结构之间的关系，都从芝加哥的交通模式和带有强烈中西部风格的城市景观中获得灵感。

卢瑞花园延续了Grant公园的空间模式，有着整齐的树篱、循环流线和轴线景观，表现形式非常鲜明，反映出花园的场地特征和背景。

除了这些历史和基础设施的影响，设计师们还需考虑到游客的数量：会有近万名游客在音乐会散场后从大草坪穿越卢瑞花园，去

乘坐位于场地南部的两座电梯。

设计方案和涵义

卢瑞花园的设计理念通过定义、传达芝加哥的现在和未来以反映城市及场地的悠久历史，通过雕塑般的地形和植被呈现芝加哥不同时期的景观特色。

北部和西部的高大树篱将花园围合起来，从艺术馆开始，象征芝加哥的肩树篱仿佛支撑着北部闪亮的露天音乐厅。

肩树篱如同一面有生命的高墙，使花园得以应付大流量游客，特别是音乐会散场后从邻近大草坪涌来的观众。树篱由金属框架构建而成，运用了多种植物，形成令人震撼的高大树篱。就像开阔的中西部地区远处隆起的山脊一样，树篱是定义花园明快前景的水平线。